我的地球使用手册

[西]卡门·马图尔·埃尔南德斯　著　董云琪　译

明天出版社·济南

山东省著作权合同登记号：图字 15-2023-41号

图书在版编目（CIP）数据

我的地球使用手册 / (西) 卡门·马图尔·埃尔南德斯著；董云琪译. -- 济南：明天出版社, 2023.6
ISBN 978-7-5708-1734-4

Ⅰ.①我… Ⅱ.①卡… ②董… Ⅲ.①地球－儿童读物 Ⅳ.
①P183-49

中国国家版本馆CIP数据核字(2023)第014033号

WO DE DIQIU SHIYONG SHOUCE

我的地球使用手册

出 版 人　李文波
责任编辑　郑雪洁
美术编辑　綦 超
项目监制　张 娴 高赫瞳
特约编辑　刘 璇 周宴冰 郝 莹
营销编辑　李雅希
责任印制　李 昆
出版发行　山东出版传媒股份有限公司　明天出版社
地　　址　山东省济南市市中区万寿路19号（邮编250003）
网　　址　http://www.sdpress.com.cn　http://www.tomorrowpub.com
经　　销　新华书店
印　　刷　鸿博睿特（天津）印刷科技有限公司
版　　次　2023年6月第1版
印　　次　2023年6月第1次印刷
规　　格　270mm×210mm　16开
印　　张　3.5
印　　数　1—8000
书　　号　ISBN 978-7-5708-1734-4
定　　价　43.00元

如有印装质量问题，请直接与出版社联系调换。电话：（0531）82098710

目 录

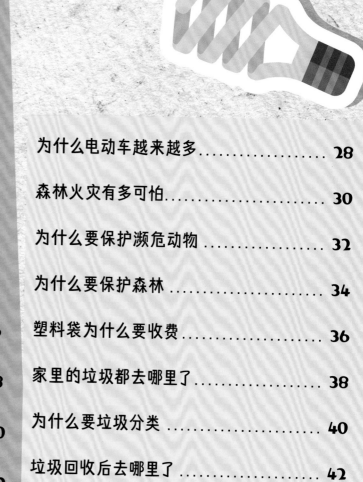

怎样科学地使用我们的地球

　　这是一本地球使用手册，它告诉我们如何科学地使用地球。要想让地球资源得到科学的利用，我们就得借助聪明的大脑，想出人与自然、动物和环境和谐相处的方式，让自然资源可以取之不尽、用之不竭，让动物们安居在富饶的栖息地，让环境变得美丽、清洁、宜居。

　　目前，地球的环境已经受到严重威胁。面对日渐严峻的地球危机，我们应该从自己做起，爱护地球，减少环境污染。回收废弃物，再利用一切可能重复使用的物品，随手关灯，随手拾起垃圾，拒绝使用一次性物品……这才是正确的地球使用方法！

　　爱地球，就是爱我们自己。一起来阅读这本地球使用手册，让我们的家园焕发勃勃生机！

人对气候有什么影响

自然现象时刻影响着地球的气候，比如太阳辐射的微小变化、火山爆发等，都会使气候发生变化。那人类是如何影响气候的呢？

■ 温室效应

温室效应是引发全球气候变暖的原因之一。什么是温室效应呢?

1 太阳使地球表面变暖,但当地表温度上升时,多余的热量会以红外线辐射的形式反射回大气层。

2 大气层就像温室的玻璃罩,允许光线穿过,使热量在内部积聚。

3 人类活动正在增加温室气体的浓度,就像关闭了温室的窗户,让热量只进不出,导致地球的气温升高。

如今温室气体的浓度比过去80万年中的任何时期都高。

我可以做什么呢?

1 节约能源:将空调和暖气设置为合理的温度,尽量不同时打开屋内所有的灯具,使用节能电灯泡。

2 回收废弃物:回收垃圾并重新利用可能有用的材料。

3 绿色出行:选择污染较少的交通工具出行。

氧气是从哪里来的

植物在自然界中有两方面重要功能：一方面，它们供人类和许多动物食用；另一方面，它们就像一座大型工厂，为我们呼吸的空气注入氧气。

■ 大家都需要氧气！

植物从土壤中获取水和矿物质为自身提供养分，并利用阳光提供的能量从空气中吸收二氧化碳，排出氧气，完成气体交换，使我们得到纯净的氧气，所以我们将植物视为空气的最佳"净化器"。

二氧化碳

阳光

氧气

矿物质

水

此外，植物是许多动物的庇护所，能够丰富大气中的水蒸气，并为我们提供木材和其他原材料。

■ 食物来源

植物是许多动物的食物。从种子、叶子、果实，到花朵、根茎，植物的很多部分都非常有用。植物是人类日常生活的好伙伴，我们经常吃的三种主食——大米、小麦和玉米，就来自植物。

我可以做什么呢？

1

不要随意折树枝或在树干上刻东西。树皮就像我们的皮肤一样，被划伤后，也会感染、生病。

2

不要随意采摘植物的枝叶或花朵。你如果喜欢的话，可以为它们拍照或画画。

3

搭建一个小花园，我们就可以看到植物是如何生长和发育的了。

大气层
为什么会有洞

大气层是地球的保护伞，有助于维持适合生命生存的恒定温度并保护地球上的生物免受强烈太阳光的伤害，但是如果保护伞上有个洞怎么办？

■ 警报响起

臭氧是一种存在于大气平流层中的气体，能够有效保护生物免受太阳辐射的伤害。20世纪70年代，科学家敲响了警钟，大气层中的臭氧层正在急剧变薄，而这个问题在南极上空更为严重。

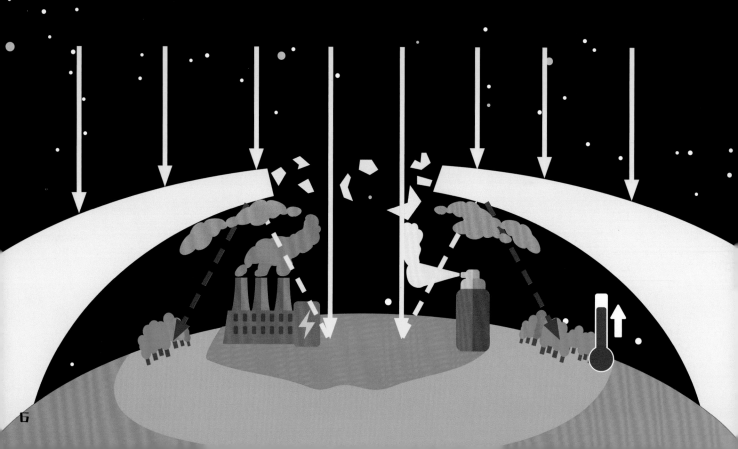

我可以做什么呢?

1 避免使用含有氯氟烃的喷雾剂。

2 使用节能电器,比如节能冰箱、节能电灯等。

3 食用本地区的有机产品,从而避免运输过程中产生污染气体。

■ 破坏防护罩

臭氧层被碳氟化合物、溴化合物和氮氧化物破坏。碳氟化合物主要来自制冷系统。溴化合物和氮氧化物主要存在于肥料中。臭氧层被破坏会怎样呢?

1 **对人类健康有害**:增加患皮肤癌的概率,造成免疫系统紊乱和呼吸系统问题。

2 **对动物有害**:对陆生动物的影响和人类相似;对海洋动物来说,会使浮游生物减少并改变食物链。

3 **对植物有害**:降低产量,破坏正常的无性繁殖周期。

臭氧层中的空洞位于南极洲上空,其大小随着温度的降低而增加。

人在雾霾天为什么容易咳嗽

呼吸时，大气中的颗粒和气体会进入我们的身体。呼吸的空气越干净，对身体健康造成的负面影响越小；但是如果在雾霾天气，空气受到严重污染时，我们吸入的空气中含有大量的灰尘、杂质，就会导致咳嗽，甚至其他呼吸道疾病。因此，我们必须想办法提高空气质量。

■ 空气质量差有什么影响?

空气质量差会使人注意力分散，工作效率下降，严重时还会使人产生头痛、恶心、疲劳、皮肤红肿等症状。

■ 紧急措施

降低空气污染程度是一件复杂的事情，必须由全世界的人们共同努力：

1 完善环境保护政策，减少污染气体的排放；

2 使用清洁能源，选择绿色出行；

3 关爱和保护森林植被，因为它们可以"清洁"空气。

世界卫生组织指出，据估计，每年有700万人因暴露于空气污染导致过早死亡。

我可以做什么呢？

1

每天给房间通风至少15分钟，清洁空气。

2

不使用一次性物品，避免垃圾过量。

3

在室内或露台种植物，它们是防止空气污染的好帮手。

酸雨是 怎样形成的

工厂中燃烧的煤和车辆中燃烧的汽油、柴油，会产生碳、硫和氮的氧化物并释放到大气中，随着雨、雪、雾或冰雹等落回地球，就会形成酸雨。

■ 对自然环境的影响

酸雨严重危害环境，不仅会直接影响产生污染气体的地区，还会在风的推动下长距离传播，波及地球上的很多角落。酸雨的主要危害有：

1 改变土壤成分，并杀死固氮微生物，使土壤变得贫瘠。

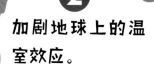

2 加剧地球上的温室效应。

■ 会影响我们的健康吗？

酸雨会导致人体出现皮肤干燥、瘙痒、过敏等症状，另外酸雨中所含气体是有害的，人体吸入后会导致或加重呼吸系统疾病。酸雨还会刺激眼睛，增加沙眼的患病率。

我可以做什么呢？

1 减少家中的能源消耗，及时关掉电灯、暖气和空调。

2 出门时，选择骑自行车或乘坐公共交通工具。

3 参与植树活动，植被有助于清洁空气。

3 削弱和破坏丛林植被。

4 腐蚀材料，损坏纪念碑、雕像和建筑物。

5 改变和酸化地表水（河流、湖泊和海洋等）。

6 影响水生和陆地生物的生存。

大海那么大，为什么还会缺水

地球是太阳系中唯一一颗存在三种状态（固态、液态和气态）的水的行星。生命起源于水，生物依赖水，我们人类身体约65%的部分是水。

■ 水循环

在自然界中，水是不断循环的。这就是我们所说的由太阳能促成的水循环。

凝结

太阳照射加热海洋和河流，其中一些水分蒸发并以水蒸气的形式进入大气。

蒸发

1

2 大气中的水蒸气冷却并凝结，形成云。

蒸腾

6 生物，尤其是植物，会将水以气体的形式送回到大气中。

1 用淋浴代替泡澡,在洗澡的过程中,不要让水龙头一直开着。

2 刷牙时不要一直开着水龙头。

3 不用水时,关紧水龙头,以免滴水。

③ 云以雨或雪等形式将水返回地球表面。

降水

④ 部分雨水渗入地下,形成地下水。

人体需要水来消化食物、带走产生的废弃物、维持体温……因此,我们体内必须保持充足的水分!

⑤ 如果没有被蒸发或渗入地下,水会沿山谷流下,形成溪流和河流,最终汇入大海。

干旱对我们有什么影响

当降雨量太少以至于不能满足植物、动物和人类的用水需求时，就会出现干旱。

■ 为什么会干旱？

全球气温普遍升高导致降雨量发生变化，有些地区甚至几乎处于完全缺水的状态。但气温升高并不是造成干旱的唯一原因，森林砍伐和对土地的过度开发等人类活动也在加剧干旱。

■ 如果长期干旱会怎样？

水是所有生物的必需资源，长期缺水会带来非常严重的后果：

1 对生态系统造成破坏，甚至导致土地荒漠化；

2 造成动植物物种减少或灭绝，导致生物多样性丧失；

3 迫使动物和人类大规模迁移；

4 农业和畜牧业的产量减少，导致粮食短缺，价格上涨；

5 导致人类饥饿、营养不良、脱水和疾病高发。

世界上有70多个国家经常受到干旱气候的影响，约有5亿人生活在受荒漠化影响的干旱地区。

我可以做什么呢？

1 节约用水，避免浪费，洗澡或洗碗时，不要长时间开着水龙头。

2 用收集的雨水和淘米的剩水浇灌植物。

3 保护森林，切勿点燃干枯的植被。

怎样清理轮船漏的油

溢油以大面积浮油的形式流入大海，可以到达海岸和海滩，严重污染环境，威胁物种生存。

浮油的行动轨迹

1 起初，最易挥发的成分逐渐挥发。

2 无法溶解的成分会在海面上形成一层厚厚的漂浮物并发生氧化。

3 一些海洋微生物能够降解部分泄漏物。

4 极少部分溶解在海中，可以被海洋生物吸收。

5 还有部分进入海底并被沉积物掩埋。

我可以做什么呢？

1

人们种植水果和蔬菜时，常用到石油基肥料和杀虫剂等会污染环境的物质，所以尽量食用有机水果和蔬菜。

2

购买简易包装的产品，回收或重复使用外包装。

浮油可以被收集并清理。人们常用洗涤剂分解或利用微生物处理、降解浮油。

3

绿色出行，驾驶不需要化石燃料的交通工具，如电动汽车等。

■ 致命的污渍

除了污染环境外，浮油还会对动植物产生负面影响，因为石油是有毒的，动物如果误食往往会导致死亡。此外，漂浮的污渍会形成一层薄膜，阻止光线射入和水的氧化，从而影响海洋生物的呼吸及上浮。鸟类和哺乳动物的羽毛和毛发也会因油污而失去隔热能力。

地球上的资源会被用尽吗

地球为我们储备的自然资源不是无限的，有些无法补充，有些供不应求。如果自然资源被消耗殆尽，会发生什么呢？

■ 石油、天然气和煤炭

这三种自然资源的储量是有限的。根据国际能源署2021年发布的数据，按照目前的消耗量，石油够使用约164年，天然气只够使用约52年。煤炭的估量不那么悲观，大约可以再使用233年，但它却带来了另外一个问题——环境污染。

我可以做什么呢？

1 将节约原则付诸实践。减少水和能源的消耗，尽可能回收和重复利用废旧品。

2 健康饮食，多吃水果和蔬菜，少吃加工食品。减少食品制造过程中的资源消耗。

3 尊重和保护大自然，使自然循环保持最佳状态。

2012年，世界自然基金会指出，如果按照目前的发展趋势，到2050年，人类的生存将需要2.9颗地球来支持。

■ 水

水是人类生存最重要的资源之一。如果世界人口持续增长，淡水可能最先成为稀缺资源之一。地球表面的70%被水覆盖，但只有2.5%是淡水，其中近四分之三是冰雪。在未来几年里，我们随时面临缺少淡水的风险。

什么是可再生资源

可再生资源指通过天然作用再生更新，从而为人类反复利用的资源，例如太阳能、风能、水能、潮汐能、波浪能、地热能和生物质能等。

■ 传统能源

开车旅行，打开电视、电脑、暖气或空调所用的能源通常来自化石燃料（石油和煤），这些活动会产生大量的二氧化碳，导致气候变化。

《"十四五"可再生能源发展规划》指出，到2025年，中国可再生能源消费总量将达到10亿吨标准煤左右。

我可以做什么呢？

■ 可再生能源的优势

"十四五"时期，中国可再生能源将进一步引领能源生产和消费的主流方向，发挥能源绿色低碳转型的主导作用，为实现碳达峰、碳中和目标提供主力支撑。可再生能源的优点有：

❶ 可再生自然资源几乎免费且取之不尽；

❷ 在生成过程中不会排放温室气体，是清洁能源；

❸ 丰富多样，遍布地球的各个角落，避免了短缺问题；

❹ 有利于开发新技术和创造就业机会。

1 尽可能步行或骑自行车出行。

2 减少能源消耗，离开房间时随手关灯。

3 购买节能灯泡和节能电器。

为什么说地球岌岌可危

1 石油、天然气和煤炭在不久的将来会枯竭。

人类一直在利用自然资源。但由于人口过多和当前过度的消费模式，大自然没有足够的时间来再生资源。人类过度开发有哪些危害呢？

2 越来越多的动物和植物，被用作食物、药物、制造材料……

■ 为什么会有休渔期？

不加节制的消费会耗尽资源并产生大量垃圾。休渔期是对海洋资源的一种保护，以避免过度捕捞。

3 为了给不断增长的人口提供粮食，土地被过度开发，变得越来越贫瘠。

我可以做什么呢？

1 缩短淋浴时间，洗漱后记得把水龙头关紧。

2 及时关掉不使用的电灯和其他电器，改用节能灯泡等。

3 勤开窗通风，使室内保持适宜的温度，以减少空调的使用频率。

4 过度使用水资源，加之干旱和水污染问题，导致地球严重缺水。

5 过度采伐森林，让动物失去栖息地。

6 过度捕捞导致海洋生态系统面临灾难。

■ 我们应该如何爱护环境呢？

每个人只要遵循下列规则，都可以为环境保护作出贡献。

 减少消耗

 回收废弃物

 重复使用废旧品

 拒绝使用有害产品

 修复破损物品

!

23

入侵物种
是什么

入侵物种是指在其自然栖息地之外引入的任何动物或植物物种，它们的传播速度和繁衍速度很快，会危及本地原物种的生存。

■ 为什么它们是危险的?

入侵物种有两个特征，这也是导致其不受控制迅速扩张的主要原因:

❶ 适应环境的能力很强;

❷ 生长速度快，繁殖能力强。

如果没有遇上天敌或恶劣环境，它们能在短时间内取代本地物种。

■ 如何闯入新的栖息地?

很多入侵物种既美丽又好养，经常作为宠物被售卖，由人类引进新的栖息地。另外很多入侵物种不是人为原因引起的，而是通过风、水等流动或昆虫、鸟类等传带，使得植物的种子或动物的虫卵以及微生物等发生自然迁移。

入侵物种容易使人引起过敏反应，甚至造成疾病传播。

我可以做什么呢?

1
购买宠物前要先了解清楚它们的生活习性。

2
如果不能继续照顾宠物，不要直接丢弃它们，可以将其带回原先购买的商店。

3
不要购买野生物种作为宠物。一方面，它们不能适应家中的饲养环境；另一方面，在许多情况下，此类交易是非法的。

为什么蜜蜂越来越少了

有养蜂人发现，世界上很多地区的蜜蜂正在迅速死亡。这是为什么呢？

■ 空置的蜂箱和杀虫剂

许多地区的蜜蜂无缘无故地大规模死亡，蜂箱变得空空如也。经过多年的研究，人们发现蜜蜂减少的主要原因之一是使用了杀虫剂，此做法有时尽管不会直接杀死蜜蜂，但会使它们变得更加脆弱。

■ 为什么蜜蜂如此重要？

蜜蜂是生态系统中的一种非常重要的物种，不仅生产蜂蜜、蜂蜡和蜂王浆，还负责为许多植物授粉。如果没有蜜蜂授粉，人类食物表中的很多植物将会消失，部分喂养牲畜的草料也会消失。

1 一只蜜蜂"光顾"一朵花，采集花蜜并喂饱自己。

2 花粉会粘在蜜蜂的腿等身体部位上。

我可以做什么呢？

1

种植更多的花卉和树木。能够产生花蜜的植物可以为蜜蜂和其他传粉昆虫提供食物。

2

不要打扰昆虫或破坏它们的巢穴，这样它们才能安心地工作和生活。

3

不要使用杀虫剂。杀虫剂会污染空气并伤害动物，还会影响人类的生活。

3 蜜蜂飞到另一朵花上继续采蜜。

4 花粉被转移到这朵花上，授粉成功。

为什么电动车越来越多

化石燃料对环境造成严重破坏，与全球变暖和气候变化有着密切关系，但它们仍然是经济发展的基础。人类能够找到它们的替代品吗？

■ 替代品已经存在

在交通运输领域和家庭消耗中，化石燃料仍然占据主导地位，但已经有了生物柴油、乙醇和氢气等替代品，它们具有无污染的优势，并且得益于经济的发展和技术水平的提高，其生产是可持续的。

1 生物柴油是由动物油、植物油或废弃油脂等制成的。其主要优点是可再生，环保性能好，缺点是生产成本高。

2 乙醇是玉米、甘蔗或甜菜等作物经过发酵制成的。作为能源，它比石油清洁，但需要大量燃烧才能获得与石油同等的效果。

3 氢气的储备较为充足，是唯一一种零废物和污染的燃料，但其应用仍在开发中。

■ 什么是沼气?

沼气是某些微生物在分解有机物时获得的可燃气体，主要来自牲畜的排泄物以及家庭、餐馆等产生的食物垃圾。它是天然气的有效替代品，也可用于发电。

新能源汽车不会向大气排放污染气体，越来越受到人们的欢迎。

新能源汽车

我可以做什么呢?

1

践行绿色出行理念，尽可能骑自行车、步行或乘坐公共交通工具出门。

2

将节能减排、再利用和回收理念付诸实践。

3

参加植树活动。树木通过光合作用吸收大气中的二氧化碳，释放氧气。

森林火灾有多可怕

在干旱缺雨的季节，干枯植物一点就着，会在森林中引发可怕的火灾。

■ 美景被夷为平地

火灾后，森林遭到破坏，生物多样性丧失。森林火灾还会导致以下问题：

1 大量二氧化碳排放到大气中，加剧全球气候变暖；

2 肥沃的土壤变得贫瘠和沙化；

我可以做什么呢？

1 穿过森林时不要留下任何垃圾。要把垃圾放在背包里，然后扔进垃圾桶。

2 干旱少雨的季节，不要去野外烧烤或生火。

3 请父母把车停在指定位置，不要践踏植被。因为高温排气管对植被也是一种潜在危险。

2019年，亚马孙热带雨林有90.6万公顷土地遭受过火灾。

3 摧毁房屋和城镇，有时还会导致人畜死亡；

■ 为什么森林在燃烧?

森林火灾一方面是由自然原因引起的，另一方面是由人为因素，如故意纵火、粗心大意等导致的。

4 该地区地表水和地下水受到污染。

为什么要保护濒危动物

我们的地球之所以美丽、独特，正是因为地球生命的多样性。然而，很多动物的数量锐减，甚至是灭绝，这让我们的地球失去了色彩。因此，我们必须保护濒危动物，维持生物多样性。

■ 生物多样性的三个层次

❶ 遗传多样性

是指地球上生物所携带的各种遗传信息的总和。

❷ 物种多样性

是指地球上生物种类的丰富程度。

❸ 生态系统多样性

是指地球上生态系统组成、功能的多样性以及各种生态过程的多样性。

仅在陆生脊椎动物中，就有大约4700种濒危物种。

■ 为什么生物多样性如此重要？

1 生物多样性有助于维护自然环境中的平衡关系，如花朵和蜜蜂之间相互依存的关系。

2 生物多样性为我们提供了丰富的天然原料，让人类享受自然的馈赠。

3 生物多样性能够帮助人类提高空气的质量，确保气候稳定、水资源充足，以及有效控制水土流失、减少自然灾害等。

我 可 以 做 什 么 呢？

1 不购买危害濒危动物生存环境的物品。

2 宣传保护濒危动物的知识，提醒人们注意自己的行为，避免伤害濒危动物。

3 不要买卖或食用易危或濒危的物种。

为什么要保护森林

森林是我们的好朋友，它保护和丰富了生态系统，对人类的生存至关重要。

氧气

二氧化碳

■ 地球的"肺"

植物进行光合作用，从大气中吸收二氧化碳并排出氧气。假设森林中的每棵树每天产生200—250升氧气，我们每个人每天需要400—500升氧气，那么每个人每天大约需要2棵树才能正常呼吸。

亚马孙雨林是世界上最大、生物多样性最丰富的热带森林。

■ 砍伐森林的危害

在许多地方，人类砍伐森林以获得更多的农田和牧场，建造房屋、道路、水库和其他基础设施等。但过度砍伐森林导致了生态系统被破坏：

1 森林中多种多样的动植物物种消失了，造成生物多样性丧失；

2 能够进行光合作用的植物数量减少了，造成空气质量恶化；

3 随着植被的减少，土壤更容易受到侵蚀，土壤变得更加贫瘠。

我可以做什么呢？

1

减少用纸量并回收废纸，这样就可以减少砍伐树木的数量了。

2

不想要的图书，不要直接扔掉，可以捐赠给他人。

3

在田野或花园散步时，请尊重和爱护花草树木，切勿乱折幼苗、花朵和树枝等。

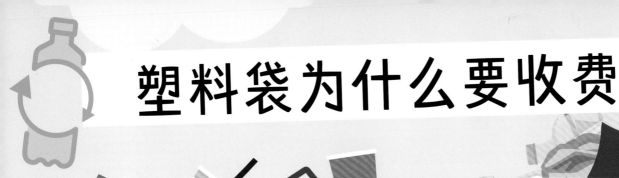

塑料袋为什么要收费

塑料是人类常用的材料之一，也是污染严重的材料。塑料的种类繁多，绝大多数具有很强的化学稳定性，不会被自然降解。

■ 艰难的回收

杯子、瓶子、垃圾袋、包装盒、箱子、吸管、盆、管道、玩具、瓶盖……这些我们每天都在使用的日用品，很多是由塑料制成的，尽管有些可重复利用，但当这些塑料制品被废弃时，往往受到加工技术和经济成本的限制，回收过程漫长且困难。一般来说，塑料制品的回收是这样完成的：

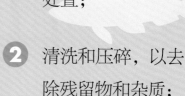

❶ 按塑料的成分归类处置；

❷ 清洗和压碎，以去除残留物和杂质；

❸ 获得的再生颗粒被熔化并用于制造新的塑料品。

你知道吗？每年流入海洋里的塑料有数以百万吨，真是触目惊心的数字！

■ 危险的微塑料

微塑料指的是直径小于5毫米的塑料碎片和颗粒，被形象地称为"海中的PM2.5"，存在于洗涤剂、牙膏、合成纤维等物品中，通常会随废水，被排入河流和海洋。微塑料不仅会污染水域，还会被鱼类吞食，人类吃了这些鱼类后，最终也可能受到伤害。

我可以做什么呢？

1

合理处理塑料盒、塑料箱、水果网、塑料托盘、酸奶盒和牙膏管等废弃物。保持环境的干净和整洁。

2

使用可重复利用的袋子，如布袋或纸袋。尽量购买大包装产品，而不是小个分装的独立包装品。

3

不使用塑料吸管，将食物放在不锈钢或玻璃餐盒中，不使用保鲜膜包裹食物。

家里的垃圾都去哪里了

　　我们消耗的物品越多，产生的垃圾会越多，这已经是一个严重的环境问题。

■ 垃圾填埋场

　　垃圾填埋法是处理垃圾最快的方式之一，但会带来许多问题：垃圾发酵产生恶臭，存在严重的火灾风险，以及有毒物质渗入土壤从而污染地下水等。目前，世界各国都在努力降低垃圾填埋的比例。

■ 垃圾分类

　　在减少废弃物和垃圾数量方面，回收再利用发挥着关键作用。我们要弄清楚垃圾是如何分类的。

1 可回收物：
塑料盒、罐子、箱子、软木塞、纸袋、报纸、纸板箱、瓶子和玻璃杯等。

2 厨余垃圾：
骨头、鱼刺、菜叶、果皮、果壳、残枝落叶等。

可回收物

厨余垃圾

我可以做什么呢?

3

回收瓶瓶罐罐,废物再利用。

1

不要使用一次性筷子、杯子、盘子等餐具。

2

重复使用手提纸袋,作业本的正反两面都要用到。

③ 其他垃圾:
砖瓦、陶瓷、渣土、卫生间废纸、动物排泄物等。

④ 有害垃圾:
电池、废灯管、油漆桶、杀虫剂、废水银温度计、过期药品等。

其他垃圾

有害垃圾

为什么要垃圾分类

垃圾堆积如山已经演变成严重的污染问题。据有关数据统计，一个人每天会产生大约1千克的垃圾。人类必须妥善处理这些垃圾，因为地球不能很快"消化"它们。

■ 危害我们每一个人

如果不及时回收和处理大自然中的垃圾，有些垃圾可能需要数千年的时间才能消失，这不仅会造成巨大的环境风险，还会毒害动植物，危害人体健康。

垃圾自然降解需要多长时间？

塑料瓶
450年以上

铝罐
200—500年

塑料袋
10—1000年

废纸袋
1—5个月

香烟头
1—10年

干电池
永久

泡泡糖
5年以上

纸盒
2—6周

玻璃瓶
永久

垃圾的种类不一样

如果回收利用做得好，垃圾可以成为制造新产品的原材料。为此，我们必须要做好垃圾分类。

1 可回收物

2 厨余垃圾

3 有害垃圾

4 其他垃圾

我可以做什么呢?

遵循3R规则：减量化（Reducing）、再利用（Reusing）、再循环（Recycling）。

1

减量化：及时关闭不使用的电灯，不要浪费食物。

2

再利用：旧衣服、游戏机盒、笔筒等改造再使用。

3

再循环：做好垃圾分类，挑选可以回收的垃圾，使其变成可以重新利用的资源。

卫星和其他太空工具停止工作时，会产生另一种废弃物——太空垃圾。

垃圾回收后去哪里了

循环经济是指在生产过程中减少天然原材料、水和能源的消耗和浪费，为我们带来环境效益并减少支出的经济类型。

■ 线性经济与循环经济

传统意义上，产品是以线性经济模式设计出来的：

❶ 生产；

❷ 消费；

❸ 丢弃。

这会耗费大量的自然资源，而且会向大气排放气体并产生污染。

相反，循环经济模式（如右图）可以更好地利用材料，使产品对环境的负面影响更低。

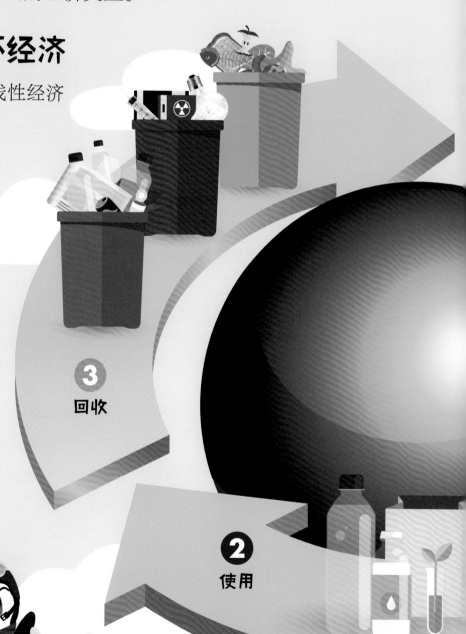

❸ 回收

❷ 使用

我可以做什么呢?

1

当玩具或电器损坏时,先看看是否可以修复,不要直接扔掉。

2

回收再利用。例如,塑料瓶可以用来制作储物盒、衣架、管道或玩具汽车的脚垫。

3

利用除湿机中的水或淘米水浇灌植物。

1
生产

■ 如何循环利用资源呢?

通过资源回收和重复利用来减少自然资源的消耗,我们需要遵循"7R规则":服务替代(Refuse)、重新设计(Rethink)、再制造(Remanufacture)、新用途(Repurpose)、维修(Repair)、翻新(Refurbish)和能源回收(Recovery)。

有害垃圾
应该怎么处理

　　有害垃圾会对生物和环境构成威胁，因此其处理方式与其他垃圾不同。

■ 不是所有的有害垃圾都一样

有害垃圾可分为以下几个类别：

有毒的：
对健康有害的有机和无机化合物（如医院和实验室的废弃物）；

爆破性的：
如果处理不当，就会爆炸；

腐蚀性的：
主要由酸性物质组成；

化学试剂：
本身并不危险，但如果接触到反应物质，就会引发危险；

放射性的：
会放出辐射（如核电站产生的废弃物）。

易燃的：
对热敏感，容易燃烧；

我可以做什么呢?

1 将废电池放入指定垃圾箱。据说单粒纽扣电池中的汞可以污染60万升水。

2 处理计算机、电视、节能灯泡或汽车机油时,请前往固定丢弃地点。

3 不要乱扔药物,要将药物扔进红色的有害垃圾箱。

■ 最常见的有害垃圾

不要以为危险废弃物只在工业生产中产生,家中也会产生有害垃圾,我们必须妥善处理。

1 废电池:会释放酸和重金属。

2 废油漆桶:里面的残留物高度易燃。

3 汽油和食用油:易燃且具有高反应性,可回收利用以获得生物燃料。

4 城市废水:可能是致病微生物的载体。

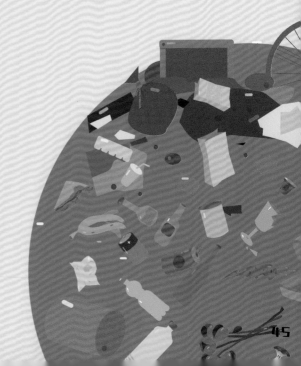

种菜的肥料是哪里来的

　　堆肥是一种生产有机肥的过程，能为植物提供长期且稳定的养分。经过堆肥处理后的有机肥料是化肥的良好替代品。

■ 肥料

　　堆肥是有机废弃物降解而产生的天然有机肥料，有很多优势：

1 为土壤提供大量养分，但不会污染土壤；

2 提高土壤的保水能力；

3 改善土壤板结现象，提高土壤的透气性；

4 提高有机废弃物的利用率。

我可以做什么呢？

堆肥器（制作堆肥的容器）可不是万能垃圾桶，所以我们必须要了解哪些垃圾可以用，哪些不能用。

1
不要用！
油、肉、杂志、香烟过滤嘴或煤灰。

2
少量用！
来自木柴、纸板和纸制品（如餐巾纸、蛋盒和比萨盒等）的灰烬。

3
可以用！
干枯的树叶、花朵的残骸、水果的果皮、烂菜叶、果核、蛋壳和粪便等。

■ 让我们来堆肥吧！

① 将垃圾平铺在地上或者堆肥箱中。

② 将垃圾分为湿的（如水果、蔬菜、咖啡渣、植物残骸等）和干的（如树枝、报纸等），并将它们切碎。

③ 用木质碎屑（如松果、树木或灌木修剪的硬枝）搭建基部。

④ 在堆肥箱里放一层干垃圾，然后再放一层湿垃圾，相互交替。

⑤ 浇一点儿水，但不要过多，不断地重复浇水并搅动堆肥。

为什么要穿
纯棉的衣服

棉质衣服保暖性能好，吸湿性强，耐热、耐碱，对皮肤无刺激，是人们喜爱且常穿的衣服材质。

■ 从棉花到衣服

棉花是世界上最主要的农作物之一，产量大，生产成本较低，适用于制作各类衣服。人们为了扩大棉产量，有时会过度开垦土地，使用一些毒性很强的杀虫剂；在加工棉花的过程中，还会造成空气污染和水污染。这就需要我们在生产棉质衣服的过程中加强环保意识。

■ 怎样选择更好

选择获得有机生产认证的服装。这意味着，我们所购买的衣物在生产过程中，对环境、能源和劳动者的负面影响更小。"可持续时尚"意味着使用环保材料、本地生产、拥有良好的工作条件和负责任的废弃物管理办法。

生产有机棉所需的水量和能源都更少。

我可以做什么呢？

1

购买100%纯天然有机棉制成的衣物。避免使用合成纤维及混纺制品。

2

将不要的衣服放到指定地点，也可以选择购买二手衣服。

3

查看标签上服装的生产地点，选择居住地附近的制造商，以减少衣服运输过程中的油耗和污染。

100% 生物棉

100%纯天然 有机棉

如何正确地买东西

随着人口数量的不断增长，自然资源的消耗不断增加。为避免资源枯竭，人类需要寻找一种新的、更负责任的、更科学的消费模式。

■ 可持续发展

可持续发展致力在不危及自然资源和保护子孙后代的情况下，满足我们的消费需求。

我可以做什么呢?

1 选择绿色出行。乘坐公共交通工具、骑自行车或者步行,都是经济且污染少的出行方式。

2 购买本土产品,支持本地的生产加工商,以减少不必要的运输污染。

3 购买标记有机生产认证的产品。选购天然原料制成的衣物,环保且不易致敏。

4 购买有机食品,也可以自己动手使用天然肥料种植蔬果。

- 我的第一套生活能力养成百科书 -

《我的第一本大脑说明书》　　《我的地球使用手册》　　《我的第一本生理教科书》

懂自己，更懂世界！

　　这不只是一本给小朋友准备的地球环境科普绘本，它还回答了很多大人也想知道的重要问题。每一个看似简单的问题，都是当下人类面临的挑战，与我们每个人的命运息息相关。而比起这些科学易懂的答案，我更喜欢的是每个回答后的"我可以做什么呢？"，让小朋友知道他们的责任与力量可以让世界变得更好。

王若师
中国科学院生态环境研究中心博士
中国人民大学环境经济学博士后

策　　划：知小平
项目监制：张　娴　高赫瞳
策划编辑：刘　璇
营销编辑：李雅希
责任编辑：郑雪洁
封面设计：周宴冰

知乎图书　　知乎书店

ISBN 978-7-5708-1734-4

9 787570 817344 >

定价：43.00 元